来点亮吧

能够发光、发亮与闪烁的小作品

【美】克丽斯塔·施耐德　著

解超　译

 上海科技教育出版社

给大朋友们的话

　　对你们来说，这是一次帮助小创客们学习新技能、获得自信心，并且做出酷炫作品的机会。本书中的活动都是为了帮助小创客们在创客空间中完成项目而设计的。有一些活动，孩子可能会需要更多的帮助才能完成，希望你们能够在他们需要的时候给予指导。鼓励他们尽可能地依靠自己的能力完成作品，并且在他们展现出创意的时刻献上掌声。

　　在开始之前，记得制订取用工具、材料以及清理场地的基本规则。在使用高温工具以及尖锐工具的时候，请确保现场有成年人的监护。

安全警示

　　本书中的一些项目需要用到高温工具或者尖锐工具，这意味着你需要在成年人的帮助下来完成这些项目。当看到如下的安全警示图标时，你就需要寻求成年人的帮助了。

高温警示！
这个项目中需要用到高温工具。

尖锐警示！
这个项目中需要用到尖锐工具。

目 录

创客空间是什么

想象一个充满活力的空间：在你的周围人声鼎沸，了不起的设计师与灯光艺术家们正在通力合作，创造着超级酷炫的作品。欢迎来到创客空间！

创客空间是人们聚在一起进行创造的地方，它也是创造各种各样灯光作品的完美场所。这里配备了各种各样的材料与工具，但对创客来说，最重要的其实是他们的想象力。创客们梦想着做出全新的灯光作品，他们还想办法改进已有的作品。要做到这一点，创客们需要成为富有创造力的问题解决者。

你准备好成为一名创客了吗？

在开始之前

获得准许

在开展任何项目之前，都需要得到在场的成年人的允许，才能使用创客空间中的材料和工具。

懂得尊重

在别人需要的时候，分享你的材料和工具。用完某件工具之后，记得放回原位，以方便他人使用。

制订计划

在动手制作之前，需要通读制作说明，并且准备好需要的所有材料。在制作的过程中也要确保材料和工具摆放整齐。

确保安全

使用电源的项目具有一定的危险性，所以要小心。当你接线的时候要确保电源处于关闭状态，防止短路。当你有需要的时候，向成年人寻求帮助吧。

光是怎样产生的

　　世界上存在着自然光与人造光。自然光可以来自太阳，它使得我们看到周围的一切事物。自然光也可以来自火焰，几千年来，人们通过火光在夜晚和昏暗的地方观察事物。

　　在19世纪，科学家成功地用电力产生人造光。如今，市面上有许许多多依靠电力照明的灯泡，它们中的大多数都很适合用来制作发光的创客作品。

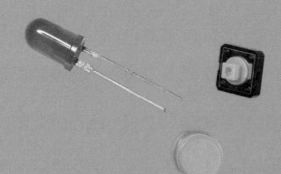

发光二极管

发光二极管（简称LED）是一种带引脚的小灯泡。当你将引脚接入电路中，灯泡就会亮起来！发光二极管具有不同的颜色，可以通过不同的方式应用到你的发光作品中。

littleBits

littleBits是一款电子积木产品，套件中包含电动机、电源以及冷光条等模块。各模块有磁性，所以能很容易地拼装在一起。这些模块可用于许多电子小发明。之后你也可以拆解小发明，用零部件制作新的作品。

准备材料

以下是完成本书中的项目所需要用到的一些材料和工具。如果你的创客空间没有你需要的材料，你也不必担心。优秀的创客本身就是解决问题的高手。你可以寻找其他材料来代替，也可以将项目略加改造来适合你拥有的材料。记住，要勇于创新！

带翻边的硬纸盒

美工刀

布基胶带

渔线

固体胶

热熔胶枪和胶棒

LED灯串

LED灯珠

LEGO基础砖块

LEGO轴套

LEGO十字轴

LEGO双面齿轮

littleBits Gizmos & Gadge套件

littleBits冷光条

摩宝胶

尖嘴钳

9伏电池

3伏纽扣电池

技术指南

设计和制作·小·贴士

在搭建发光小装置的过程中犯错是很正常的。项目所用到的许多零件都是可以拆下来重复利用的。如果作品中该亮的地方没有亮，请检查一下所有的电线接头。要是你对作品的任何地方有所不满，那就重新设计一遍吧！

剥线

灯泡需要电路才能工作，而电路是由导线以及电源构成的。导线的外部往往有一层绝缘皮。为了接通电路，需要去除导线端部的绝缘皮。剥线钳可以轻松地完成这项任务。用剥线钳夹住导线的末端，轻轻地握紧剥线钳的把手，同时自导线的末端向外拉动剥线钳，这样绝缘皮就会被剥离。不要握得太紧，以免剪断导线。也别一次性剥掉太多的绝缘皮，剥掉一小段就行了。

幽光面具

制作一款有趣又具有未来风格的灯光面具!

1. 在硬纸板上画一个长48厘米、宽18厘米的面具图案。

2. 在面具底部的中间位置，画一个倒"V"；这部分剪下来之后可以架在你鼻梁上。

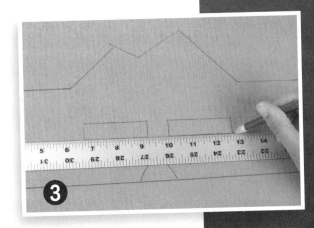

❸ 在鼻梁孔上方画两个长方形框作为眼睛孔。

❹ 沿着面具图案的外部边缘把面具剪下来。

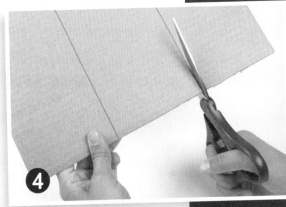

❺ 分别在距面具左右两边15厘米的位置做标记，用尺和美工刀在每个标记处轻轻地划一道竖直线。这样一来，你可以把面具的两边折起来作为耳架。

6. 用美工刀小心地把眼睛孔的纸板切下来。

7. 在工作台上铺上报纸，给你的面具涂色，等待颜料变干。

8 将面具的两侧沿着划痕往后折。沿着折痕贴上布基胶带，并使其盖住折痕，让耳架可以完整地弯折。

9. 将面具的所有边缘都用布基胶带包裹住。

10. 规划一下冷光条的路径，使其可以环绕面具，但应在面具边缘处结束。这样就可以把冷光条藏在面具下面。

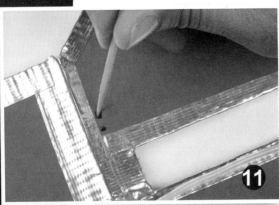

11 在你想让冷光条拐弯的地方，用牙签戳两个相距0.6厘米的小孔。

12. 为每对小孔剪下一段5厘米长的细金属丝。

13 从冷光条上没有连接器的一端开始，将冷光条沿着事先规划好的路径铺好。在每一对小孔处，将细金属丝的两端穿过小孔固定在冷光条上，在面具背面，把细金属丝的两端拧在一起。

14 固定好冷光条以后，把面具翻转过来。用布基胶带包住细金属丝拧在一起的两端，以免佩戴面具时细金属丝末端刺到你。

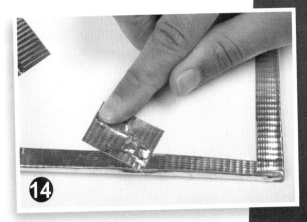

15. 用胶带把冷光条未连接的那端粘进一侧的耳架里。它应该穿过面具的底端垂下来。

16. 把面具戴在脸上，将耳架往后折。让同伴量出两侧耳架两端间的距离，剪下一段与之等长的弹力绳。

17 把弹力绳的两端分别钉在两个耳架里。试着戴一下面具，如果有需要的话，调整一下绳子。

18 将9伏电池接入电源模块，然后将冷光条模块与电源模块连接起来。

19. 戴上面具，打开电源开关让它发光！把电源模块藏在衬衣口袋里或者围巾里面。

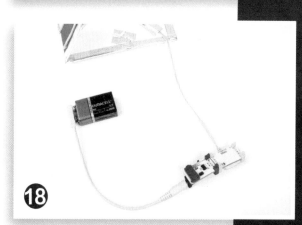

闪烁发光球

制作一只能闪亮任意一个房间的发光球!

你需要准备

报纸

50个带有锥度的小塑料杯

热熔胶枪和胶棒

LED灯串

透明胶带

渔线

剪刀

1 把报纸铺在你的工作台上。取11到12个杯子，用热熔胶枪将它们的侧边粘在一起，围成一个圆圈。

2 在第一圈杯子上方用大约9个杯子制作第二层杯子圈，在空隙中多加些胶以使它们粘得更牢。

3 在第二层杯子上方用大约3或4个杯子制作第三层，必要时多加些热熔胶。现在这三层杯子组合起来应呈圆顶状。

4. 重复步骤1至步骤3，制作第二个圆顶。等待热熔胶固化。

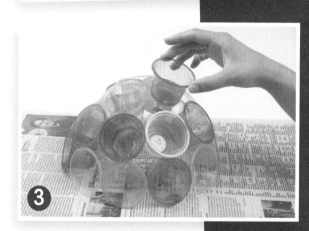

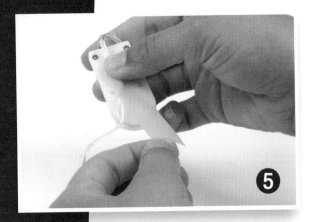

❺ 在LED灯串开关的边缘处贴上一段胶带。

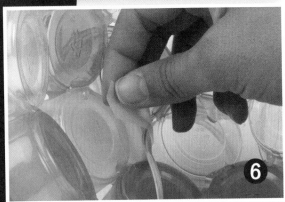

❻ 将一个圆顶倒置，把开关放在两个杯子之间，确保它指向圆顶的外侧。把开关粘在一个杯子上，需要的话多用些胶带粘牢。

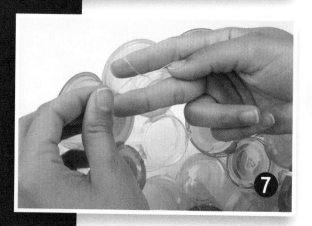

❼ 剪下约1.5米长的渔线，将其两端穿过靠近开关的两个杯子之间的圆顶，然后把线的两端打个结。

8 将线拉到圆顶外面，把结粘在杯子底部加以固定。

9 把LED灯串松散地绑在圆顶里面。

10. 把第二个圆顶放在第一个圆顶上面，形成一个球体。移动两个圆顶，使它们的杯体能很好地结合。

11 如果你找到了恰当的位置，请让你的朋友把两个圆顶固定住，你将它们用热熔胶枪粘起来。在两个圆顶相接触的地方注入热熔胶，等待其固化。

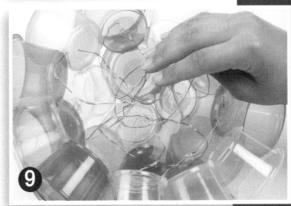

12. 用渔线吊起你的发光球，打开开关，看它发光!

飞碟

制作一艘闪闪发光的旋转太空船!

你需要准备

littleBits套件（电源模块、直流电动机、电动机联轴器、2个低功耗蓝牙模块、分流器）

LEGO积木（2个20齿双面齿轮、3M十字轴、基础砖块、2×6带孔薄片、轴套、5M十字轴、8齿双面齿轮）

大号橡皮筋、9伏电池、发泡胶带

2只铝箔碟子、美工刀、切割垫

热熔胶枪和胶棒、小号魔术贴

1. 将电源模块与直流电动机相连，电动机的转向并不重要。

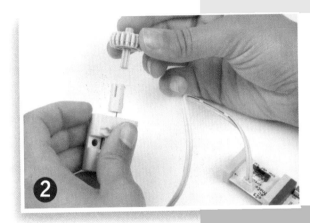

2. 把电动机联轴器安装在电动机的轴上，把一个20齿双面齿轮安装在3M十字轴上，将该十字轴插入联轴器的另一端。

3. 用LEGO积木搭建一个底座，确保空出一块能使电动机轴朝上安置的空间。在底座两端各搭建一座比20齿双面齿轮高的小塔，确保留出电动机引线的空间。

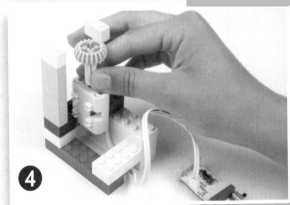

4. 将直流电动机安置在底座上。

5. 用橡皮筋将电动机与一座小塔捆绑起来。

6. 扭转一下橡皮筋，把它缠绕在电动机与双塔上。

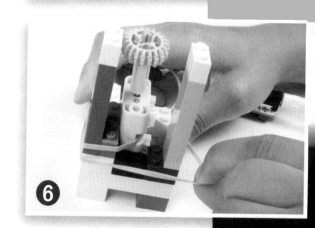

7. 把第二圈橡皮筋拉出来。用橡皮筋把电池固定在其中。电池的正极应该在LEGO塔旁边。

8 把电源模块的导线与电池相连。

9 把2×6带孔薄片放置在塔顶。确保LEGO块不会碰到齿轮。

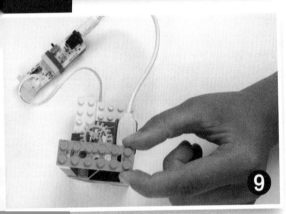

10. 把轴套和第二个20齿双面齿轮套到5M十字轴上。调节轴套使得齿轮处于十字轴的末端。

11 将5M十字轴的另一端从2×6带孔薄片的中央孔中穿出。在5M十字轴底端穿入一个8齿双面齿轮。确保小齿轮与电动机轴上的大齿轮互相啮合。

12. 在分流器的两个端口上各连接一个低功耗蓝牙模块。

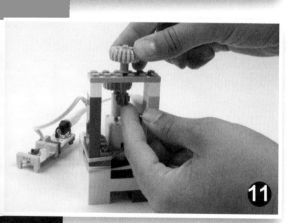

13 将分流器连至电动机模块上与电源模块相对的另一端。

14 使用发泡胶带将低功耗蓝牙模块固定到塔上，与此同时将导线固定在底座上。

15 小心地用美工刀从铝箔碟子的侧壁上切下一些长方形。从碟子的底部割下一个圆。确保这个圆孔适合整个LEGO结构的大小。

16. 在铝箔碟子的边缘涂上热熔胶。将另一个碟子翻转，盖在第一个碟子的上方，搭建出飞碟的形状。等待热熔胶固化。

17. 把飞碟圆孔朝上放置。将魔术贴的一面粘在飞碟的内侧置于底部中心，将魔术贴的另一面粘在上方大齿轮的顶部。

18. 把飞碟翻转过来并覆盖在LEGO结构上。按压魔术贴使得它们贴合起来。

19. 启动电动机。看，你的飞碟旋转着亮起来了吧！

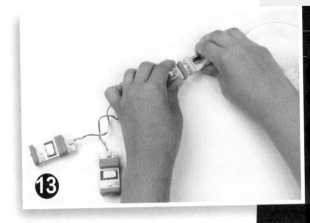

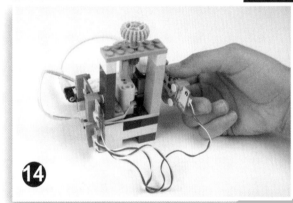

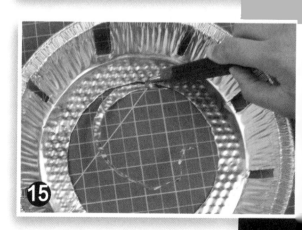

触控台灯

用这盏神奇的台灯让你的小伙伴
大吃一惊吧!

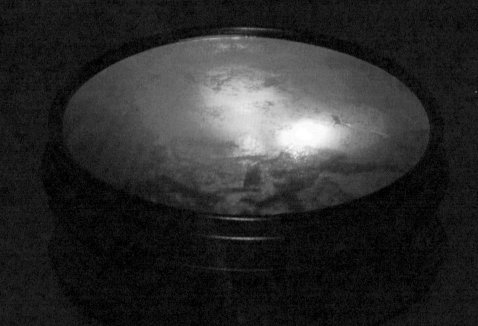

1. 取下罐子的盖子。在罐子内部衬满布基胶带。这一步可以防止金属对电路造成干扰。

2. 把罐子翻过来。小心地把一枚钉子锤进罐子底部。

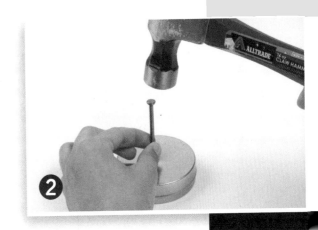

3. 把餐巾纸撕成小碎片。在盖子内侧涂上摩宝胶。将餐巾纸片按入摩宝胶中，持续添加餐巾纸片直到盖子原本透明的部分全部被覆盖，等待胶水晾干。

4. 剪下两根7.5厘米长的绝缘导线作为长导线。剪下另外一根2.5厘米长的绝缘导线作为短导线。将三根导线两端的绝缘皮剥离。具体操作指示参见本书第9页。

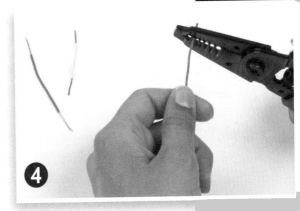

5. 用尖嘴钳将两个LED灯珠的长引脚与一根长导线的一端缠在一起。然后把两个LED灯珠的短引脚和另一根长导线的一端缠绕相连。

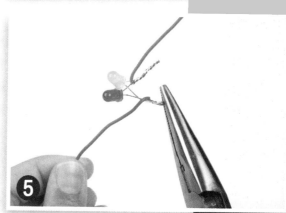

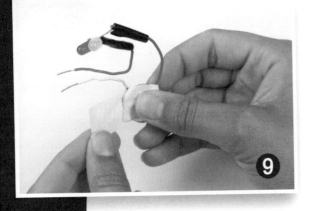

6. 在每一组绞合的导线和引脚上缠上绝缘胶带。

7. 将两根长导线的悬空端弯曲成小环。将两个小环分别接在电池的正负极上。如果LED灯珠没亮，尝试交换两个小环的位置。

8. 当LED灯珠亮了后，将一个小环用胶带固定在电池的一极上，让另一个小环暂时悬空。

9 将短导线的一端弯成小环。将小环用胶带固定在电池的另一极，与上述已用胶带固定的长导线相对。

10. 把两条悬空导线的两端从罐子底部的孔中穿出，直到两端被剥去绝缘皮的部分完全露在罐子外面。

11 把LED灯珠放置在罐子中央。把多余的导线整齐地环绕在LED灯珠的四周。使用胶带将导线固定在罐子内部。

12 把罐子翻过来。用折叠的铝箔包裹住每根导线的金属末端。这些铝箔应该叠成长方形。

13 整理那两片长方形铝箔，使其中一片位于另一片的上方，但两者互不接触。

14. 把盖子盖在罐子上。将长方形铝箔片一起按压到罐子底部。看着你的灯被点亮！

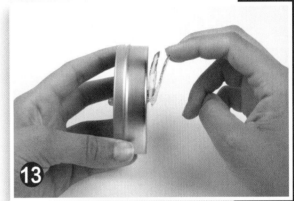

旋转的星云

在小盒子中模拟出一个超大的星系奇观!

你需要准备

带翻边的硬纸盒、白卡纸、剪刀、固体胶、尺、透明玻璃片、铅笔

报纸、热熔胶枪和胶棒、渔线、透明玻璃石、油性记号笔

littleBits套件（电动机联轴器、直流电动机、电源模块、导线、低功耗蓝牙模块）

布基胶带、钉子、9伏电池

1. 剪下几片白色卡纸，使其大小正好与盒子的底面和四个侧面匹配，把卡纸粘贴上去。

2. 使盒子的短边位于左右两侧，沿着距离右侧折痕2.5厘米的平行线，剪下右侧的翻边。

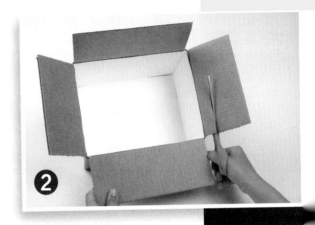

3. 翻转盒子，使其侧立，在贴着桌面一侧的翻边边缘处放置一块玻璃片。描出玻璃片的轮廓，沿着轮廓的内缘剪下纸板，记得留点余量。

4. 在操作台上铺好报纸。用热熔胶把玻璃片固定在剪下来的长方形孔上。等待热熔胶固化。

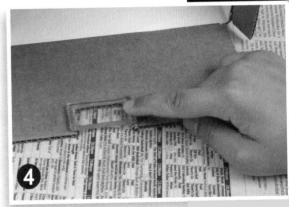

5. 在盒子顶部翻边上画一个直径为4厘米的圆。这个圆的圆心应当距离顶部翻边右侧和上侧边缘各2.5厘米。割下这个圆。

6. 剪下一段15厘米长的渔线。用热熔胶把线的一端粘在一块玻璃石的边缘上。等待热熔胶固化。

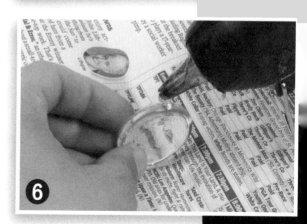

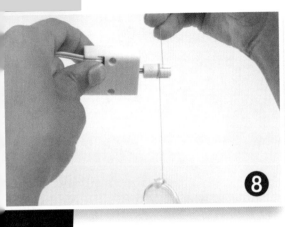

7. 合上底部翻边。测量玻璃片上端到盒子顶部的距离，减去1.25厘米后记下这段距离。用记号笔在系着玻璃石的渔线上标记出这段距离。

8 把电动机联轴器安装在电动机轴上。把渔线的悬空端穿过电动机联轴器，直至渔线上的标记正好处于电动机联轴器的下方，然后将渔线穿进电动机联轴器的槽缝中缠绕数周。

9. 用胶带把渔线固定在电动机联轴器上。修剪多余的线头。把电动机联轴器从电动机上拿下来。

10 将玻璃石提升到盒子上方距离翻边1.25厘米的位置。确保它位于盒子左右两边的中间位置。在玻璃石中心下方的盒子上作标记，并用钉子在上面戳一个孔，接着摇晃钉子扩大这个孔。

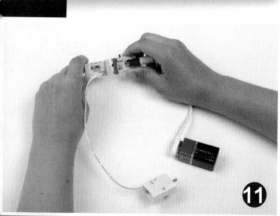

11 将电池、电源模块以及电动机顺次相连。

12 将电动机固定在盒子上方，使电动机轴穿入通过步骤10完成的孔中。在盒子内将电动机联轴器插回电动机轴上，用胶带将所有零件固定到盒子顶部。

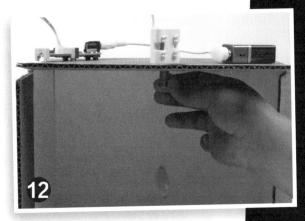

13. 合上盒子的翻边并用胶带固定。不要把圆孔与玻璃片封住。

14 将导线与低功耗蓝牙模块相连，并将导线另一端与电动机相连。

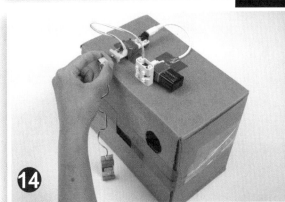

15. 用胶带把低功耗蓝牙模块粘在长方形玻璃片上，使光能穿透玻璃片。

16. 启动电动机，从圆孔中观察，你会被盒子中如星云般旋转的灯光秀所震撼。

创客空间的维护

要成为一名创客，不仅仅是完成作品而已，还需要在创作的同时与他人交流与合作。最棒的创客能够在创作的过程中不断学习，不断想出下次改进的方法。

收拾干净

当你的项目大功告成之后，别忘了整理属于你的工作区。将工具以及用剩下的材料整齐有序地放回原位，方便其他人找到它们。

存放妥当

有时候你来不及在一次创客活动期间完成整个项目。没关系，你只需要找到一个安全的地方存放你的作品，直到你有空再来完成它。

做一辈子创客

创客项目的可能性是无限的，从你的创客空间的材料中获得灵感，邀请新的创客到你的工作区，看看其他创客在创造什么。

永远不要停止创造哦！

图书在版编目（CIP）数据

来点亮吧：能够发光、发亮与闪烁的小作品/（美）克丽斯塔·施耐德著；解超译.—上海：上海科技教育出版社，2020.6

（我的酷炫创客空间）

书名原文：Light It! Creations That Glow, Shine, and Blink

ISBN 978-7-5428-7228-9

Ⅰ.①来… Ⅱ.①克…②解… Ⅲ.①电子器件—制作—青少年读物 Ⅳ.①TN-49

中国版本图书馆 CIP 数据核字（2020）第 048161 号

责任编辑　顾巧燕　　侯慧菊
封面设计　符　劼

"我的酷炫创客空间"丛书
来点亮吧！
——能够发光、发亮与闪烁的小作品
［美］克丽斯塔·施耐德（Christa Schneider）　　著
　解　超　译

出版发行　上海科技教育出版社有限公司
　　　　　（上海市柳州路218号　邮政编码200235）
网　　址　www.sste.com　www.ewen.co
经　　销　各地新华书店
印　　刷　常熟文化印刷有限公司
开　　本　787×1092　1/16
印　　张　2
版　　次　2020 年 6 月第 1 版
印　　次　2020 年 6 月第 1 次印刷
书　　号　ISBN 978-7-5428-7228-9/G·4223
图　　字　09-2019-774 号